L'ART DE MOUDRE.

Imprimerie de COSSON, 47, rue du Four-St-Germain.

L'ART DE MOUDRE,

OU

MÈMOIRE

SUR LES

MOYENS EMPLOYÉS

POUR EMPÊCHER

que la chaleur produite par la pression et le frottement des Meules

SOIT PRÉJUDICIABLE A LA FARINE,

PAR

A. VAN LERBERGHE,

Bachelier ès lettres et ès sciences, membre de l'Académie nationale agricole, manufacturière et commerciale.

> L'art de moudre consiste à séparer, *sans les altérer*, les différentes parties qui constituent le grain.
>
> PARMENTIER.

PARIS.

GERMAIN-SIMIER, ÉDITEUR,

245, rue Saint-Honoré.

—

1849.

A MONSIEUR

LE PRÉSIDENT DE LA RÉPUBLIQUE.

MONSIEUR,

Depuis longtemps l'industrie meunière a fait de vaines tentatives pour empêcher le grand échauffement des blés soumis au broiement, à cause des conséquences funestes qu'entraîne le haut degré de température que lui donne la pression et le frottement des meules; température qui détruit les parties constituantes des grains.

Une découverte récente vient de résoudre le problème; et il importe que ses effets soient connus; mais il était nécessaire de rendre publiques en même temps les tentatives qui ont précédé cette invention, afin de mettre chacun à même de juger des progrès faits et des résultats obtenus.

C'est cette conviction qui m'a suggéré l'idée d'élaborer mon *Mémoire sur les moyens tentés pour empêcher que la chaleur produite par la pression et le frottement des meules soit préjudiciable à la farine.*

Un aussi faible écrit a besoin d'égide, et j'ai eu la témérité de penser que vous ne me refuseriez pas votre soutien, surtout lorsqu'il s'agit d'améliorer le pain du soldat, de l'ouvrier et de la classe nécessiteuse, dont vous êtes le protecteur.

Permettez-moi donc, Monsieur, de vous dédier mon opuscule, et daignez recevoir le double de mon manuscrit. Votre aggrégation sera pour moi une récompense inappréciable.

J'ai l'honneur d'être,

Monsieur,

Votre très humble serviteur,

A. VAN LERBERGHE.

Paris, le 1er juillet 1849.

MÉMOIRE

SUR LES MOYENS TENTÉS ET EMPLOYÉS POUR EMPÊCHER QUE LA CHALEUR PRODUITE PAR LA PRESSION ET LE FROTTEMENT DES MEULES, SOIT PRÉJUDICIABLE A LA FARINE.

L'ART DE MOUDRE, consiste à séparer les différentes parties qui constituent le grain sans les altérer.

Malgré les progrès immenses qu'a faits de nos jours *l'industrie meunière*, elle ne peut espérer d'arriver à la perfection, aussi longtemps qu'elle ne parviendra pas à empêcher l'altération de toutes les parties constituantes des grains soumis à ses travaux.

Et comment empêcher cette altération, si l'on ne parvient pas à éviter ce haut degré de température communiquée à la farine par la chaleur intense du silex, devenu brûlant par suite de la pression et d'un frottement continuel et accéléré.

Vainement l'on chercherait à empêcher l'échauffement des meules, les lois de la physique s'y opposent et ces lois l'on tenterait en vain de les enfreindre; mais mitiger cette chaleur, mettre obstacle à sa communication avec la boulange, faire en sorte que la température de la farine soit toujours assez basse pour que l'altération devienne impossible, tel est le but vers lequel doivent se diriger toutes les études, toutes les expériences, tous les sacrifices.

Les conséquences du grand échauffement de la farine sont des plus désastreuses.

Si la mouture arrive trop chaude à la huche, ses parties savoureuses se volatilisent, la matière huileuse du blé rembrunit et rancit ; la substance glutineuse éprouve une sorte de décomposition, enfin la farine est piquée, rougeâtre, molle au travail et n'a plus de corps.

Vainement on espèrerait de remédier au mal en opérant le refroidissement le plus promptement possible, puisqu'avant de sortir des meules la farine aura déjà un défaut de qualité; déjà ses parties substantielles seront altérées, et dès lors le remède est impossible.

L'expérience, d'accord avec les principes, a démontré que 12° centigrades de chaleur, au-dessus de l'air ambiant, sont capables d'altérer les principes des farines (1); ainsi il est de la plus haute importance que la chaleur communiquée à la farine n'excède pas 12° au-dessus de la température et que la farine ne soit pas, ce que l'on appelle *brûlée* ou *échauffée*.

Dès qu'une farine, examinée à l'anche, se trouve avoir une chaleur de 12° centigrades au-dessus de l'air ambiant, on peut être certain qu'elle est détériorée ; car l'on doit toujours supposer que la farine qui a ce degré à l'anche en avait davantage sous les meules, attendu qu'en sa qualité de poudre blanche elle est un mauvais conducteur de la chaleur, qu'elle perd assez promptement, surtout lorsqu'elle est en petite masse et presque réduite en vapeur.

Or, si 12° degrés de chaleur au-dessus de la température de l'usine détériorent la farine au point de lui faire éprouver une espèce de décomposition, que dire de la boulange

(1) Parmentier, *Mémoire sur les avantages que le royaume peut tirer de ses grains, etc.*, p. 139 et 140. Paris, 1789, in-4.

qui, au sortir des meules, fait monter le thermomètre jusqu'à 30° même quelquefois jusqu'à 37° de Réaumur.

L'altération des principes de la farine n'est pas le seul résultat fâcheux produit par le grand échauffement; d'autres conséquences funestes sont la suite inévitable de cette élévation de température.

A peine ce haut degré de chaleur s'est-il communiqué à la boulange encore soumise à l'action des meules, que la farine devient pâteuse, la rhabillure s'emplit, les rayons s'engorgent, les sons ne se dégraissent plus, des produits imparfaits s'échappent des meules, la fraîcheur de l'air ambiant les saisit, la condensation a lieu, la farine devenue humide s'attache aux parois des conduits qui s'empâtent, le bluttage se fait difficilement, la fermentation est imminente, la panification imparfaite; le pain a perdu son goût, sa saveur et une partie de sa consistance, le blé ne fournit plus à l'homme cette nourriture saine et fortifiante qu'il en attendait comme fruit de son labeur et de ses soins.

Tels sont les résultats que l'on doit craindre aussi longtemps que l'on ne parviendra pas à saper le mal dans sa base, à empêcher les meules de communiquer une chaleur trop intense aux grains soumis à leur broiement.

Pour combattre le mal avec succès il faut en connaître la cause, l'origine. Cette cause connue, il faut en chercher le remède, déterminer l'endroit où l'application doit s'en opérer, et trouver le moyen d'y faire cette application.

Quatre causes différentes engendrent la chaleur du silex : la pression des meules, leur frottement, l'état d'humidité dans lequel peut se trouver le grain soumis au broiement, la trop grande quantité de blé donnée au moulin relativement à sa force motrice.

La première de ces causes ne peut se détruire que partiellement et lorsqu'il y a excès. La pression doit exister, sans elle le broiement serait impossible ; mais comme la chaleur produite par la pression est d'autant plus considérable que les meules sont plus ou moins serrées, le meunier doit avoir soin de ne leur donner que juste la pression nécessaire pour arriver à la finesse voulue et relative à la qualité que l'on veut obtenir.

La seconde cause, le frottement des meules, est inévitable. Ce frottement est d'autant plus violent qu'il y a plus de pression et plus de rapidité de rotation. Déjà l'on a vu que, pour mitiger la production de la chaleur, il faut ne donner que juste la pression requise pour obtenir la finesse déterminée, mais on ne peut faire le même raisonnement relativement à la rapidité de la rotation. La célérité du mouvement est nécessaire pour l'expédition du travail, et cette expédition doit être activée, afin de diminuer autant que possible le prix de revient de la nourriture du pauvre et de l'ouvrier. Cependant le meunier doit se mettre en garde contre une rotation trop accélérée et pouvant donner à la farine une chaleur détériorant les parties substantielles qui la composent.

La troisième cause, l'humidité des grains, n'est que relative, c'est au meunier à l'éviter, en ne soumettant au broiement que des blés parfaitement secs ou tout au moins aussi secs que possible.

La quatrième et dernière cause d'échauffement existe lorsque le moulin expédie trop de grain relativement à sa force motrice. L'on conçoit que plus la quantité de grain donnée est forte, plus il faut de pression pour en obtenir le broiement. C'est au meunier à connaître la quantité de blé que son moulin peut expédier sans engendrer trop de chaleur.

Comme on a pu le voir, deux des causes d'échauffement tiennent à la nature même de l'opération; les deux autres dépendent du plus ou moins de prudence, de connaissances du meunier. Il serait inutile de s'appesantir sur ces dernières, les deux autres seulement peuvent faire l'objet d'un examen approfondi.

Sans pression, sans frottement, point de moulage possible; avec la pression, avec le frottement, la chaleur du silex est inévitable, et 12 degrés de chaleur au-dessus de l'air ambiant détériorent la boulange. Ce degré de chaleur est bientôt atteint par la pierre : comment éviter que le silex ne communique à la farine cette élévation de température?

Telle est la question qu'il importe de résoudre pour trouver le remède au mal existant.

Le seul moyen pour empêcher cette communication de chaleur est d'introduire entre les deux meules une quantité d'air frais suffisante pour rafraîchir l'air chaud qui s'exhale de la pierre, au moment même où cet air chaud s'infiltre dans la boulange avec laquelle le silex est en contact.

Pour que l'air introduit puisse mitiger la chaleur s'exhalant du silex, il doit être toujours frais; pour que cette fraîcheur puisse exister, il faut que l'air introduit soit continuellement renouvelé; ainsi il faut établir un courant d'air frais pour parvenir à tempérer la chaleur communiquée à la farine par la pression et le frottement des meules.

En effet, l'air introduit, toujours frais par suite du renouvellement occasionné par le courant, mitigerait la chaleur qui s'échappe de la pierre et parviendrait à en diminuer l'ardeur, en battant continuellement contre les parois échauffées des meules. D'un autre côté, s'infiltrant en quelque sorte entre le silex et la boulange, l'air frais en détacherait cette dernière et la rafraîchirait en la parcourant, après avoir interrompu momentanément le contact.

Il est donc évident que ce résultat remédierait aux funestes inconvénients produits par une température trop élevée, conséquence de la pression et du frottement des meules.

Mais, pour que le remède puisse avoir toute l'efficacité désirable, il faut que le volume d'air frais introduit et constamment renouvelé par le courant soit en rapport avec le plus ou moins de pression des meules et le plus ou moins de célérité donnée à la rotation ; car plus la pression est forte et le frottement violent et accéléré, plus la chaleur produite est intense et plus la fraîcheur doit être grande pour parvenir à produire son effet.

Le remède trouvé, où son application doit-elle avoir lieu pour être réellement efficace? Il va sans dire que c'est là où le mal s'engendre, là où la pression et le frottement ont le plus d'action.

Les surfaces travailleuses des meules ne sont pas en tous points parallèles. Ces surfaces se divisent en trois parties distinctes : le *Cœur*, l'*Entrepied* et la *Feuillure*.

Le *Cœur*, qui est la partie la plus rapprochée du centre et qui reçoit le grain pour le transmettre à l'Entrepied, laisse entre les deux meules un vide suffisant pour que le grain puisse y rouler facilement.

L'*Entrepied* reçoit le grain du Cœur et le concasse. Les surfaces de cette partie de la meule se trouvent au point où s'arrête le Cœur à la même distance que celui-ci et se rapprochent insensiblement jusqu'à la Feuillure, où elles finissent par se toucher.

La *Feuillure* part de l'Entrepied et se prolonge jusqu'à la circonférence ; ces surfaces se touchent, sont parfaitement parallèles. Cette partie de la meule sert à donner le fini à la boulange.

Ainsi le grain tombant de l'auget, est sollicité par la force centrifuge, passe du centre vers la circonférence, roule jusqu'à l'Entrepied où il est comprimé, aplati, écorcé, brisé ; et dans le trajet qu'il parcourt ensuite avant de sortir de dessous les meules, toutes ses parties sont désunies.

Comme on vient de le voir, c'est à la Feuillure que la pression s'opère, que le frottement a lieu, que la chaleur se produit ; c'est là qu'il faut la combattre, la mitiger ; c'est là que le remède doit recevoir son application.

Depuis que les funestes effets, produits sur la boulange par une température trop élevée, ont été connus, c'est-à-dire depuis que le mouvement rotatif d'une meule courante sur une meule gisante a été mis en usage pour le broiement des grains et leur réduction en farine, l'on n'a cessé de tenter toutes sortes de moyens pour obvier aux inconvénients produits par le grand échauffement de la pierre.

Dans l'origine on avait espéré que de légers conduits, facilitant l'entrée et la circulation de l'air, pourraient suffire; c'est ce qui a donné naissance aux Rayons.

Mais pour que le Rayon ne fût pas nuisible au travail, il a fallu que sa profondeur à l'avant-bord fût si minime, qu'elle ne permît pas au grain d'y séjourner, et que cette profondeur, diminuant insensiblement jusqu'à l'arrière-bord, ne put pas empêcher les particules du grain écrasé de s'engager entre les zônes des meules destinées à l'achèvement du moulage.

Or, quelle circulation d'air ces Rayons ainsi disposés et souvent, pour ne pas dire toujours, obstrués par la marchande ou engorgés par l'empâtement, pouvaient-ils donner? Quelle fraîcheur pouvaient-ils procurer?

Ce premier moyen, quoiqu'il fût presque sans résultat pour la circulation d'air, ne fut cependant pas abandonné, car il avait procuré une autre amélioration, amélioration trop importante pour la laisser s'évanouir. A l'aide de ces Rayons on put employer une pierre plus pleine et l'on obtint ainsi une farine plus fine, plus blanche et moins gruaudeuse.

Depuis ce premier essai, les tentatives se succédèrent.

Plusieurs de ces tentatives n'avaient pas pour but de rafraîchir les surfaces travaillantes des meules, ni d'empêcher la communication de la chaleur émanant du contact de la pierre avec la boulange; mais tendaient uniquement, soit à empêcher la condensation à la sortie de la farine d'entre les meules, soit à rafraîchir la boulange fortement échauffée par les exhalaisons du silex, soit à enlever une partie de l'humidité produite par la condensation.

Ces essais tendaient donc à apporter remède à un mal déjà existant, tandis qu'il fallait, non chercher à guérir, mais empêcher la reproduction du mal lui-même.

D'autres essais tendaient à la vérité à étouffer le mal dans son berceau, mais ils n'eurent pas le résultat qu'on en espérait; plusieurs même d'entre eux, loin d'améliorer la position, ne firent que l'aggraver.

Telle était la situation de l'industrie meunière, lorsqu'une découverte due au génie d'un directeur d'un grand établissement de mouture en Belgique, vint doter la France d'un système qui, s'il laissait quelque chose à désirer dans son origine, fut porté par l'inventeur, en 1849, à un tel point de perfection qu'il semble réunir tous les avantages, apporter toutes les améliorations vers lesquelles tendaient les efforts de la science et de la pratique.

Afin de mettre chacun à même d'apprécier le mérite des tentatives qui ont précédé cette précieuse découverte, et de suivre les efforts et les progrès faits par la meunerie pour parvenir à perfectionner son art, il importe de décrire succinctement chaque innovation et de la faire suivre des effets et résultats obtenus par son application.

M. Darblay, homme de beaucoup d'expérience, excellent théoricien, avait établi dans son moulin, à Corbeil, un calorifère dont les tuyaux chauffaient les conduits parcourus par la farine à la sortie des meules. Ces conduits étant portés à peu près au même degré d'élévation de température que la farine qu'ils recevaient, il en résultait que l'anche et les conduits étaient à l'abri de l'humidité par l'absence de condensation.

Ce moyen, s'il n'empêchait pas la production de l'excès

de chaleur, semblait en diminuer les tristes conséquences. Mais l'on ne tarda pas à s'apercevoir que ce succès n'était qu'éphémère. L'humidité, arrêtée par la chaleur des conduits, se produisait dans la chambre à rateaux, où la farine, toujours aussi chaude qu'au sortir des meules, se trouvait, en quittant les conduits, saisie par la fraîcheur de l'air ambiant. L'inventeur n'avait fait que retarder la condensation.

Il faut l'avouer cependant, les conduits restant toujours secs, leur durée était plus longue, les réparations moins fréquentes, la non existence d'empâtement à leurs parois offrait une légère augmentation de produits; mais ces faibles avantages étaient plus que contrebalancés par les frais de chauffage, de pose et de réparations de l'appareil.

Il ne faut donc pas s'étonner si cet essai ne rencontra que peu ou point d'imitateurs.

M. Gosme imagina un autre système. Il s'était figuré, qu'en rendant plus étroite la zone qui réduit le blé en farine, et faisant emploi de meules de moindre dimension, il obtiendrait le résultat désiré.

Certes les farines soumises moins longtemps à l'action des meules, en fussent sorties plus fraîches, si, pour arriver à finir la boulange, l'on n'avait été contraint d'augmenter la pression; mais cette augmentation de pression étant devenue indispensable, le frottement fut plus violent, la chaleur plus intense, et des farines imparfaites et au moins aussi échauffées furent le résultat de cette malencontreuse expérience.

M. Damy, fabricant à Vic-sur-Aisne, crut obtenir une meilleure solution en établissant un ventilateur à palettes à peu de distance au-dessous des meules, qui aspirait de l'air à l'extérieur pour le refouler par des conduits, décrivant une certaine courbe, entre les meules, et devait maintenir ainsi le silex dans un état continuel de fraîcheur.

Pour éviter l'évaporation, M. Damy avait fait clore hermétiquement l'archure et les conduits, tout en laissant cependant la farine sous l'impression d'un courant d'air dans la distance qui sépare les meules de la chambre à rateaux.

MM. Corrége, ingénieur mécanicien et Changarnier, meunier à Duvy, brevetés en 1842, partant du même principe, refoulaient l'air aspiré par le ventilateur, dans un récipient placé à l'intérieur du beffroi. Ce récipient distribuait l'air dans des conduits, correspondant avec d'autres, embranchés autour de l'archure hermétiquement close. L'air ainsi introduit, venant souffler juste à la jonction du jeu des meules, était censé s'infiltrer dans les rayons et rafraîchir les surfaces travaillantes.

Les inventeurs, pour donner issue à l'air refoulé et recueillir la folle farine entraînée par le courant d'air, avaient établi, au moyen d'un conduit en gaze, une communication entre l'archure de chaque meule et une chambre à farine disposée au-dessus du beffroi. Pour éviter que la vapeur d'eau ne se produisît dans cette chambre, ils avaient placé dans son pourtour six tuyaux condensateurs, par lesquels s'échappait l'air chargé d'humidité.

Et afin de donner issue au gaz délétère qui se produit pendant l'opération de la mouture, M. Corrège avait placé, dans l'archure même, un tuyau qui, s'élevant jusqu'à la partie supérieure de l'édifice, donnait passage à une partie de l'air lancé par le ventilateur.

Un tube impénétrable à l'humidité, continuellement parcouru par un courant d'air froid, et au centre duquel tournait un axe armé de palettes inclinées, recevait la farine, la remuait pendant le parcours, la conduisait jusqu'à l'élévation qui la porte au-dessus des bluteries et venait compléter ce système.

MM. Damy, Corrège et Changarnier eurent des imitateurs, et l'on assure que leur système existe, au moins en partie, sous la dénomination de *Vaporateur*, dans l'établissement d'un meunier très capable, M. Laperche, à Provins.

Cependant l'expérience a démontré que l'air lancé à la hauteur de l'intervalle qui sépare les meules, et dans la direction des rayons, mais en sens inverse au courant établi par la rotation, qui tend toujours à chasser l'air du centre vers la circonférence, loin de pouvoir se faufiler entre les surfaces travaillantes en quantité suffisante *pour opérer un abaissement sensible de température*, ne s'y introduisait nullement et n'avait d'autre effet que de mettre obstacle à la sortie de la boulange.

Ce système du reste a un très grand inconvénient. L'air soufflé contre les meules, humide ou sec, chaud ou froid, tel en un mot qu'il existe à l'extérieur de l'usine, se trouve souvent lui-même à une haute température et parfois saturé d'humidité; il en résulte que non-seulement la farine s'échappe chaude des meules, comme s'il n'existait pas de ventilateur, mais qu'elle est parfois mouillée par l'effet de l'air introduit, ou que la condensation est plus violente et plus désastreuse.

MM. Hébert et Darnetal empruntèrent aux moulins américains un système d'un tout autre genre. Ils percèrent la meule courante de trous cylindriques. Ces trous, percés perpendiculairement à la surface dressée, avaient de trois à cinq centimètres de diamètre; leur nombre varia et fut porté de dix à quarante, mais toujours sans résultat.

Vint ensuite l'invention de M. Holcrof. Cette invention consistait à percer un ou plusieurs trous cylindriques traversant la meule courante et aboutissant au bord de l'œillard, en un point ou commence un grand rayon. A chaque ouverture, du côté du contre-moulage, était adapté un cornet ou entonnoir en forme de gueule de loup, dont le pavillon se trouvait établi près du bord extérieur de la circonférence.

L'orifice de prise d'air étant très grand, comparativement au conduit d'écoulement, cet appareil était censé lancer entre les meules une grande quantité d'air animé de beaucoup de vitesse. Cet air devait, d'après l'inventeur, être saisi par le mouvement centrifuge, entraîné avec le blé en mouture et rafraîchir, refroidir même la boulange.

Mais M. Holcrof s'était trompé sur les effets d'un système qui, loin de donner des résultats avantageux, n'en produisit que de très funestes.

En effet, l'air engouffré dans les entonnoirs venait se jeter avec violence dans le cœur des meules, là où elles ont beaucoup de jeu, mais au lieu de s'introduire sous les meules, où il rencontrait une résistance très opiniâtre et difficile à surmonter, il s'élançait vers l'œillard, où il trouvait du vide et par où il s'échappait, n'ayant dans tous les cas à vaincre que la faible résistance du grain tombant de l'auget, et dont il bouleversait toute la distribution. Autre inconvénient, le grand mouvement de l'air, s'échappant par l'œillard, était une cause incessante d'évaporation.

Ainsi, même échauffement, même condensation, perte de la plus fine farine, tels furent les résultats d'un système que l'on s'empressa de repousser.

Au commencement de 1843, M. Train, mécanicien de La Ferté-sous-Jouarre, guidé aussi par une invention d'origine américaine, donna le jour à un système qui semblait appelé à jouer un grand rôle dans l'industrie meunière; il inventa les meules *aérifères.*

Quatre orifices partant à peu près du centre de la meule courante, et percés en pente jusqu'à quatorze centimètres environ de la feuillure, sont pratiqués dans toute l'épaisseur de la pierre. Dans l'œillard de la meule courante est placé un œillard en fonte ayant la forme d'un cône renversé. A la partie extérieure un fer entoure la meule et dépasse le bord du contremoulage de 14 à 20 centimètres. Des plaques en tôle, fortement rivées sur le cercle et sur l'œillard en fonte, sont placées sur la partie supérieure, les unes inclinées de 45° au-dessus des orifices prémentionnés, les autres, formant des quarts de cercles, perpendiculaires au grand cercle et servant de conducteurs à l'air, qui vient ainsi s'engouffrer dans les orifices.

D'après un rapport de M. Calla, les meules aérifères devaient empêcher cette haute élévation de température, qui donne à la farine une si forte prédisposition à la fermentation. Mais il n'en fut pas ainsi; déconcertant toutes les prévisions, l'air ne s'introduisit pas entre les surfaces travaillantes des meules, la marchandise soumise à leur action était un obstacle, non prévu, mais invincible. Comme avec l'appareil de M. Holcrof, l'air refoulé s'échappa et occasionna beaucoup de volatille. MM. Guilleminot et Cailleaux, qui avaient adopté les meules aérifères, les ont abandonnées; et comme presque tous ses devanciers, ce système qui avait d'abord ébloui tant de personnes, tomba pour ne plus se relever.

Les meules aérifères furent remplacées par un autre système qui n'obtint pas un meilleur succès. Sous le nom de *Ventouse*, ce système consistait dans deux ou trois ouvertures en forme de losange, traversant un peu obliquement la meule courante, ayant du côté du contre-moulage une largeur de dix à douze centimètres et de quatre à cinq du côté de la surface travaillante.

Ce système, sans diminuer en rien la haute température du silex, produisait considérablement de volatile.

Une invention plus simple, mais qui ne fut pas plus heureuse, succéda à cette dernière. Quelques meuniers remplacèrent l'archure en bois par une archure en osier. Ils espéraient que l'air circulant à travers les ouvertures calmerait la chaleur de la farine; mais ils ne tardèrent pas à retourner à l'ancien usage, car ils n'obtenaient aucune diminution de chaleur, mais bien plus de volatile et de perte.

Quelques praticiens placèrent un aspirateur en bois à l'anche. Cet aspirateur, qui n'a aucune communication avec l'air extérieur, se compose d'un tuyau rond ou carré un peu recourbé par le haut, posé perpendiculairement à l'endroit où tombe la farine, dans le genre d'un cheminée de quinquet; il est destiné à attirer les exhalaisons produites par la chaleur et la sueur de la boulange. Les premiers furent construits sans réservoir, ils égoutaient sur les planchers, qu'ils pourrissaient. On para à cet inconvénient en y adaptant au haut un petit bac en ferblanc, que l'on vidait de temps à autre. Ce moyen ne produisit d'autre effet que de diminuer faiblement la condensation, tout en produisant une perte sensible par l'entraînement de farine qui formait une pâte, qui n'était bonne qu'à jeter.

Tandis que ces diverses expériences se pratiquaient en France, l'industrie meunière belge faisait de son côté de nombreux essais pour arriver au but que l'on avait vainement tenté d'atteindre.

M. Chaudron, habitant la province de Namur, avait fait construire un réservoir dans lequel il comprimait l'air y introduit au moyen d'un ventilateur. Ce réservoir, placé à une certaine distance au-dessus des meules, communiquait avec l'œillard de la meule courante par un tube se jetant dans cet œillard, sous une plaque qui, en le recouvrant, le bouchait aussi hermétiquement que possible. Ce tube se subdivisait sous cette plaque en quatre petits tubes, soufflant, à distances égales, dans le cœur des deux meules, l'air comprimé, relaché au moyen d'un robinet se trouvant non loin du réservoir.

L'inventeur avait pensé que l'air ainsi introduit ne pourrait s'échapper par l'œillard, mais serait entraîné entre les meules par le mouvement centrifuge, et rafraîchirait le silex et la boulange.

La vérité ne tarda pas à se faire jour.

La plaque qui recouvrait l'œillard étant fixe et la meule devant pouvoir la contourner facilement, il en résultait que la fermeture était loin d'être hermétique et que l'air s'échappait plutôt par les faibles ouvertures qu'il rencontrait, d'où il passait dans le vide, que par les rayons des meules, qui, toujours encombrés de marchandise, lui présentaient une résistance continuelle; et cette invention, toute ingénieuse qu'elle était, n'eut pas de succès, parce qu'il fallut convenir qu'elle génait la distribution des grains, sans produire aucune amélioration.

Un novateur, croyant que le système de M. Chaudron n'était fautif que parce que l'air qu'il comprimait ne soufflait pas continuellement, espéra obtenir un meilleur résultat en le simplifiant. Il supprima le réservoir et le robinet, et introduisit directement dans l'œillard l'air poussé par le ventilateur.

Mais ce dernier système était encore plus défectueux que le premier; non-seulement il avait les mêmes défauts, mais il produisait une bien plus grande quantité de volatile.

Vers la même époque, en avril 1846, M. Ulric-Debeaune, de Jemmapes, prenait en Belgique un brevet pour son *Accélérateur-refroidisseur*, appareil destiné à accélérer le travail des meules et à refroidir instantanément la farine.

Cet appareil se composait d'un ventilateur-insufflateur et d'un aspirateur. Contrairement à ce qui s'était pratiqué jusqu'alors, le ventilateur-insufflateur agissait dans l'œillard de la meule gisante, au moyen d'un tube se subdivisant, immédiatement après son entrée dans le boitard, en quatre petits tubes destinés à répandre l'air dans quatre directions différentes. L'air insufflé par le ventilateur se rejetait contre une seconde plaque superposée sur la première, de manière à diriger cet air vers l'entrée du cœur des deux meules. Pour mettre la meule courante dans la possibilité de contourner la plaque superposée, qui dépassait le niveau de la surface du cœur de l'autre meule, on fit une entaille circulaire dans la première. A l'étage supérieur des meules se trouvait placé l'aspirateur, dont le conduit venait traverser l'archure à quelques centimètres de la circonférence. Cet aspirateur devait enlever l'humidité pouvant se produire.

D'après l'inventeur, ce double appareil devait avoir pour résultat : d'un côté, d'accélérer le travail par la pression de l'air, de chasser l'air entre les meules et de refroidir ainsi le silex et la boulange ; de l'autre, d'aspirer l'air chaud pouvant exister encore et l'humidité produite par la réduction des blés en farine.

Ce double but fut loin d'être atteint.

L'air introduit dans l'œillard de la meule gisante par l'effet du ventilateur s'échappe d'entre les deux plaques superposées et au lieu de se glisser entre les meules, ainsi que l'avait espéré l'inventeur, il s'élance vers l'œillard de la meule courante en passant par l'entaille faite dans cette meule pour la mettre à même de contourner facilement la plaque supérieure, entaille qui laisse toujours assez de jeu pour que l'air puisse y passer librement. L'inventeur convient lui-même de l'existence de ce défaut en avançant dans son prospectus qu'au moyen de son appareil, le grain se trouve nettoyé avant d'entrer sous les meules. Or, ce nettoyage où et comment se fait-il? Dans l'œillard de la meule courante, par l'effet de l'air introduit, air qui ne passe pas par conséquent entre les meules. L'aspirateur a un autre défaut, celui d'entraîner la folle-farine hors de l'établissement ; cette perte est d'autant plus importante que la folle-farine se trouve mise en mouvement par l'effet du ventilateur.

Il ne faut pas oublier d'ajouter que cet appareil exige une augmentation de force motrice pour sa mise en mouvement et prend beaucoup de place dans l'établissement.

Ainsi perte de force et d'emplacement, frais de confection, pose et entretien, tels sont les résultats de ce système.

La France vit alors apparaître les meules métalliques à réfrigérant de M. Génin de Servières. Ces meules étaient creuses et recevaient dans leurs flancs, par des conduits artistement disposés, une eau toujours renouvelée entrant par la meule courante et se perdant après avoir répandu un reste de fraîcheur dans la meule gisante.

Inutile de s'appesantir sur un système dans lequel le fer figure comme matière destinée à la réduction des grains en farine. Tous les essais dans lesquels cette matière était mise en contact direct avec la boulange ont été abandonnés presque aussitôt que conçus. A peine légèrement échauffé, le fer se graisse, s'empâte et ne donne plus de résultats.

Vers la même époque, MM. Motte et Escudié de Toulon, cherchèrent à introduire l'application de leurs *rateaux-ramasseurs*; ayant pour effet de dégager continuellement l'espace compris entre l'archure et la pierre dormante, et de précipiter la farine dans l'anche.

Les inventeurs disaient que ce dispositif, dégageant continuellement le point de jonction des meules, facilitait la circulation de l'air par les rayons, et empêchait ainsi la farine de s'échauffer, tout en diminuant la puissance nécessaire pour la marche de l'établissement.

Ces novateurs qui avaient pensé que, par le nettoyage

de la tourée des meules, ils faciliteraient la communication de l'air avec la boulange encore soumise au broiement, eussent repoussé cette manière de voir si, imbus des principes, ils se fussent rappelés que, par l'effet du mouvement centrifuge, l'air intérieur se rejette vers la circonférence avec la marchandise soumise à l'action des meules, et qu'il serait aussi impossible de faire parcourir les meules par l'air se présentant à leur circonférence, que de leur faire reproduire dans l'œillard des blés soumis de la même manière à leur action.

Il existe à Menin, en Belgique, dans le grand moulin de MM. Petit, Peurion et comp., de petits ventilateurs assis sur les archures. L'air produit par ces ventilateurs s'introduit dans l'archure par une ouverture de la largeur et de la longueur de la palette des ventilateurs et pratiquée juste sous l'endroit où les palettes fonctionnent. L'air ainsi introduit vient se ruer contre les meules, refoule la farine vers l'anche et devrait, selon ces novateurs, rafraîchir la boulange.

Ici l'erreur est palpable. Cette manière d'opérer, sans effet pour combattre l'échauffement de la mouture entre les meules, ne peut être que dangereuse dans ses résultats; car l'air frais produit par les ventilateurs ne peut s'infiltrer entre les meules, le mouvement centrifuge s'y oppose; mais il vient frapper la farine lorsqu'elle sort de dessous la pierre, au moment où la chaleur, étant dans toute sa force, doit nécessairement donner lieu à une très forte condensation.

Mais, bien longtemps avant l'existence de ces dernières inventions, plusieurs meuniers avaient fait l'application dans leur usine d'un simple aspirateur à air libre, dont le conduit venait aboutir soit à l'archure, soit à l'anche, à l'endroit où la farine sort d'entre les meules.

Cet aspirateur, qui fonctionne encore dans plusieurs établissements, a pour but d'attirer l'air chaud émanant de la farine sortant des meules, d'en aspirer les parties sueuses et d'empêcher ainsi la condensation.

Mais loin d'empêcher le mal de se reproduire, l'aspirateur prouve au contraire qu'il ne peut s'y opposer, que le mal existe toujours, que la chaleur est communiquée à la farine, que déjà la température de la boulange a atteint 12° centigrades au-dessus de l'air ambiant et que, par suite, l'échauffement a occasionné un principe d'altération, puisque son emploi est jugé nécessaire pour aspirer cette chaleur, aspiration qui ne peut avoir d'autre effet que de diminuer la condensation, mais qui est loin de l'empêcher totalement, sans cela il n'existerait ni parties sueuses, ni humidité à faire disparaître.

Un inconvénient résultant de l'emploi de cet aspirateur qu'il importe de ne pas passer sous silence, c'est la grande quantité de fleur de farine qu'il entraîne en aspirant la chaleur et l'humidité : folle-farine qui s'humecte, se détériore et se perd.

On a voulu parer à cet inconvénient en établissant une chambre destinée à recevoir cette fleur de farine, lorsqu'elle quitte le tuyau conducteur. Mais ce n'est là qu'un remède partiel ; car pour que l'aspirateur puisse opérer, il faut une communication directe et libre avec l'air extérieur, et il est indubitable que toute la folle-farine ne tombe pas dans la chambre destinée à la recevoir, mais qu'il s'en échappe une grande quantité, la plus fine, la meilleure, par l'ouverture indispensable pour établir cette communication avec l'air libre et par où l'aspiration s'effectue.

Jusqu'à présent, c'est la France et la Belgique que nous avons vu concourir pour trouver le moyen d'arriver à apporter les améliorations nécessaires à cette industrie intéressante chargée de pourvoir à l'existence de l'homme. Jusqu'alors l'Angleterre, si intelligente, si industrielle, si inventive, n'y avait coopéré que par l'introduction du rayonnage des meules. En 1846, on crut un instant qu'à elle appartiendrait l'honneur de tirer la meunerie de l'impossibilité, où elle s'était trouvée jusqu'alors, de perfectionner son industrie.

M. Pinel, quoique français d'origine, prit à Londres, à cette époque, un brevet d'invention, pour un système appelé, disait-il, à empêcher l'échauffement et la condensation ; et, dans les premiers jours de 1847, cet inventeur prenait, à Paris, un brevet d'introduction et de perfectionnement.

Examinons la confection de son appareil :

Quatre cornets, couchés sur le contre-moulage de la meule courante, ont leurs orifices sur le bord de la circonférence de cette meule; l'autre bout de chaque cornet, après avoir traversé la meule presque perpendiculairement, vient tomber dans le cœur, non loin de l'œillard.

A l'anche, un tube en cuivre à double compartiment, ayant un réservoir en dessous, et destiné à faire les fonctions d'aspirateur, vient compléter cet appareil.

D'après l'inventeur, la première partie formait primitivement son système, l'aspirateur n'en fut que le perfectionnement.

Déjà l'on a dû s'apercevoir que ce que M. Pinel avait

présenté en Angleterre comme de son inveution n'était en réalité que la reproduction du système de M. Holcrof, système repoussé depuis longtemps en France, non-seulement comme inopérant, mais même comme nuisible à la distribution des grains, et que M. Pinel lui-même condamne en y ajoutant plus tard un aspirateur.

Ainsi, comme nous l'avons dit en examinant le système de M. Holcrof, l'air poussé dans les cornets se lance là où les meules ont le plus de jeu et s'échappe par l'œillard, après avoir dérangé la distribution.

Comme précédemment les farines sont trop chaudes, comme précédemment elles sont sueuses, comme précédemment la condensation s'opère. Tous les inconvénients se reproduisent.

Reste à examiner la seconde partie du système de M. Pinel, son aspirateur. Son principe n'est pas plus neuf que le premier. Comme nous l'avons vu, depuis longtemps l'on avait fait emploi d'aspirateurs en bois, placés à l'anche, les uns sans réservoirs, les autres ayant au haut de petits bacs en fer blanc, destinés à recevoir l'humidité produite par les exhalaisons. Nous avons eu même occasion d'en signaler les effets.

L'aspirateur de M. Pinel diffère des premiers en ce qu'il n'est pas en bois, mais en cuivre, qu'il a beaucoup moins d'élévation et que son réservoir se trouve au bas de l'appareil.

Ces changements sont-ils de quelque utilité? ont-ils apporté une amélioration ? Nous ne le pensons pas.

L'aspirateur Pinel, qui, ainsi que les aspirateurs en bois, n'a aucune communication directe avec l'air extérieur, mais fait uniquement l'effet d'un tuyau ou cheminée de quinquet, étant plus court que les autres, attire et enlève plus facilement jusqu'à son sommet la farine qui s'élève avec la chaleur et la vapeur. Aussi chaque fois que l'on vide le réservoir et que l'on visite le tuyau qui sert de conducteur, on les trouve empâtés et surchargés d'une assez grande quantité de fleur de farine, quintessence des produits, fleur devenue aigre, humide et qui est totalement perdue. Cette déperdition est très importante, le réservoir devant se vider fréquemment.

Il importe de faire remarquer encore que les aspirateurs en bois se plaçant isolément, sans adjonction d'aucun autre appareil, se bornent à l'attraction ordinaire des gaz de l'air chaud, et ne sont nullement excités par une cause étrangère quelconque, tandis que l'aspirateur Pinel se trouvant indirectement en rapport avec l'air tourbillonnant dans l'archure par l'effet des cornets, l'air occasionne beaucoup d'évaporation, attire tout vers le sommet de la cheminée, dont l'attraction se trouve ainsi augmentée considérablement, au grand détriment du propriétaire de l'usine.

Comme on vient de le voir, le système Pinel n'est pas une innovation, mais simplement la réunion de deux systèmes connus, sans amélioration aucune, sans avantage pour l'industrie.

Telles étaient les découvertes faites jusqu'au milieu de 1847, pour parvenir à extirper un mal dont les funestes effets sont incalculables et ont une si grande influence sur la nourriture journalière de l'homme. Comme on vient de le prouver, toutes ces inventions, toutes ces innovations, tous ces essais, n'avaient donné que des résultats bien faibles, pour ne pas dire négatifs. Le germe du mal existait toujours ; on avait tenté de le combattre, mais sans fruit, sans résultat, sans espoir de réussite.

Mais vers la fin de 1847 apparut une dernière découverte, dont nous avons déjà fait pressentir les heureux effets.

M. Hanon-Valcke, directeur d'un grand moulin à Leuse, en Belgique, y prit un brevet d'invention pour un appareil auquel il donna le nom d'*Aérateur*, ayant pour effet de préserver la farine de cette haute élévation de température occasionnée par la pression et le frottement des meules, et si préjudiciable à la farine et à la panification.

Dans les premiers jours de janvier 1848, l'inventeur prit en France un brevet d'importation.

Voici la description de cet appareil, tel qu'il existait à cette époque.

Trois entonnoirs placés à distances égales sont couchés sur la meule courante, de manière à devoir aspirer l'air par l'effet de la rotation. Trois conduits, faisant suite aux goulots des entonnoirs et dont ils s'écartent en traversant obliquement la meule, viennent se jeter dans trois sillons, ayant à cet endroit huit centimètres de profondeur et se trouvant à vingt-cinq centimètres de la circonférence. Ces sillons, du quart à peu près de la circonférence prise à leur point de départ, suivent un cercle tracé de telle sorte qu'ils arrivent à leur arête à vingt centimètres de la circonférence de la meule, où ils n'ont plus que la profondeur et la largeur du rayon dans lequel ils viennent se perdre.

L'on voit que l'inventeur a pris pour point de départ le système de M. Holcrof, imité depuis par M. Pinel, mais c'est seulement la prise d'air, le cornet, entonnoir ou gueule de loup, comme on voudra l'appeler, qui a quelque rapport avec l'appareil de ses devanciers. Le conduit conducteur, qui traverse la meule, change totalement de direction ; il n'est plus perpendiculaire ou un peu oblique et tombant dans le cœur, mais très oblique et se jetant dans des sillons, qui se trouvent à leur origine au bord de la feuillure, dans laquelle ils pénètrent en se prolongeant. L'air introduit ne vient plus se jeter où il y a du vide entre les meules, pour s'échapper par le cœur dans l'œillard, où il n'y a d'autre résistance à éprouver que la distribution, qu'il dérange facilement ; mais il se trouve resserré dans des sillons creusés à l'endroit où les meules sont parallèles et pressées l'une contre l'autre, issue que les rayons de la meule courante qu'ils traversent et ceux de la meule gisante, sur lesquels ils passent, facilitent.

Il en résulte que l'air introduit effleure dans son parcours les parois de la partie travaillante des meules à l'endroit où le frottement est le plus actif, qu'il mitige ainsi la chaleur qui s'exhale du silex, et pénètre forcément dans toutes les parties de la boulange, qu'il rafraîchit.

Il résultait déjà de ce système une amélioration sensible, mais il paraît que cette heureuse découverte n'avait pu satisfaire encore les vues de l'inventeur. Au lieu de s'occuper de la propagation de cette précieuse découverte, il s'adonna à de nouvelles recherches, dans l'espoir de parvenir à la perfectionner. Selon lui, l'air introduit n'avait pas d'attraction suffisante, il ne se renouvelait pas assez vite pour donner la fraîcheur nécessaire.

Son raisonnement était des plus justes, le courant d'air n'existait que pour autant que des rayons fussent libres. A la vérité, l'air introduit était entraîné vers la circonférence par le mouvement centrifuge et se trouvait ainsi nécessairement dépensé ; mais cet air n'avait cependant pas assez d'activité ; il ne se renouvelait pas assez souvent, ne procurait pas toute la fraîcheur désirée pour calmer l'ardeur du silex et empêcher sa communication ; il fallait trouver le moyen d'établir un courant d'air positif, une attraction nouvelle et de l'établir de manière à ce qu'aucun obstacle ne vint s'opposer à sa circulation. C'est ce que l'inventeur avait parfaitement senti.

Mais tout en sentant la nécessité d'ajouter au courant d'air existant par les rayons et la rhabillure, M. Hanon-Valcke s'aperçut qu'il avait à éviter les effets désastreux que l'évaporation pourrait produire. Cette découverte rendit les recherches longues et pénibles ; mais aucune difficulté ne put vaincre sa persistance, et sa persévérance fût couronnée d'un plein succès. En mars 1849 il avait ajouté à son système un appareil satisfaisant à toutes les exigeances et qui devait compléter son invention. Peu de jours après, il prit en France un brevet d'addition pour le perfectionnement dont la description va suivre.

L'inventeur pratique, presque perpendiculairement, à l'extrémité de chaque sillon, une ouverture circulaire de trois centimètres de diamètre qui, traversant la meule courante, vient aboutir dans chacun des entonnoirs. Dans chaque ouverture il fixe un tube venant à fleur de la paroi inférieure de l'entonnoir. Ce tube a de ce côté un pas de vis intérieur, qui sert à y adapter un robinet, dont le bec recourbé est tourné vers le fond de l'entonnoir.

Le pas de vis est nécessaire, afin de pouvoir enlever les robinets, en même temps que les entonnoirs, lorsqu'il faut lever la meule et la coucher pour travailler au rhabillage.

Au moyen de ce dernier appareil, on obtient toute la circulation d'air nécessaire, circulation que l'on peut augmenter ou diminuer, suivant les besoins fixés par la rapidité de la rotation, en ouvrant ou fermant plus ou moins les robinets établis pour la faciliter. Et comme, par l'effet de cette circulation d'air, partie de la folle-farine pourrait se trouver mise en mouvement, et être entraînée, avec l'air introduit, par les ouvertures destinées à accélérer cette circulation, cette folle-farine se trouve dirigée, par la disposition du bec des robinets et la pression de l'air qui s'introduit dans les entonnoirs, vers le fond de ces mêmes entonnoirs, engloutie par ceux-ci, et reproduite immédiatement entre les meules, d'où elle ne tarde pas à arriver, avec le reste de la boulange, dans les conduits qui dirigent la mouture vers les bluteries.

Tel est le système dont M. Hanon-Valcke vient de doter la France. Voyons s'il remplit toutes les conditions requises pour empêcher l'altération des parties constituantes des grains soumis au broiement; voyons si le grand échauffement de la farine ne se reproduira plus, si les conséquences désastreuses de cette haute élévation de température ne sont plus à redouter.

Nous avons démontré que pour obtenir ces heureux résultats il fallait parvenir à introduire entre les meules, là où la pression est la plus forte, le frottement le plus violent, une circulation continuelle d'air, se renouvelant promptement, mitigeant ainsi la chaleur qui s'échappe de la pierre, s'infiltrant dans la boulange et venant s'interposer en quelque sorte entre le silex et la farine, afin d'empêcher les effets de leur contact.

L'Aérateur pousse l'air entre les surfaces travaillantes des meules, dans la feuillure, là, où par l'effet de la pression et du frottement continuel, l'échauffement s'engendre. L'air y est introduit en proportion des besoins, l'engouffrement dans les entonnoirs étant d'autant plus violent que la rotation est plus accélérée ; il est vif, frais et toujours renouvelé par suite du courant établi aux extrémités des sillons et des robinets, qui permettent de lui donner toute l'activité désirable ; il se répand continuellement dans les rayons et la rhabillure, et parcourt ces parties sur toute leur longueur jusqu'à la circonférenne, par l'effet du mouvement centrifuge; il est toujours en contact avec le silex, dont sa fraîcheur mitige fortement la chaleur des exhalaisons, après avoir été déjà un grand obstacle à la progression de son échauffement; il parcourt la boulange dans toutes ses parties, aussi longtemps qu'elle est soumise à l'action des meules, étant entraîné avec elle, jusqu'à leur circonférence.

Il faut donc bien l'avouer, les expériences sont là pour en donner la preuve, le grand problème est enfin résolu, le système de M. Hanon-Valcke mitige fortement la chaleur produite par la pression et le frottement des meules.

Mais il ne suffit pas de mitiger simplement cette chaleur, il faut en préserver la boulange au point qu'elle ne puisse pas la porter à une température de 12° centigrades au-dessus de l'air ambiant, afin d'éviter toute détérioration des parties substantielles des grains, d'empêcher l'existence d'un principe d'altération.

Des expériences pouvaient seules donner une conviction à cet égard ; ces expériences ont été favorables, toutes ont prouvé à l'évidence que, par l'effet de l'aérateur, on ne devait plus craindre d'arriver à ce haut degré de température.

Il faut le déclarer cependant, si l'on employait des grains très humides, si l'on voulait engorger son moulin de blé, si l'on pressait les meules outre mesure, l'aérateur n'aurait plus la vertu d'empêcher un échauffement quelconque; mais ce sont là des causes dépendantes de la volonté et du savoir du meunier, c'est à l'homme imbu de son art à les éviter; ces causes, aucun appareil au monde ne saurait en anéantir les effets, et cependant le nouvel appareil les mitigerait encore.

La conservation intacte des parties substantielles des blés soumis à l'action des meules apporte à l'industrie meunière des avantages considérables, avantages que nous procure le système de M. Hanon-Valcke et qu'il importe d'énumérer.

La trop forte chaleur est cause que les parties glutineuses et amidoneuses du blé, forment une pâte par suite de la sueur qu'elle occasionne. Cette pâte, ce corps gras s'attache dans la rhabillure, se colle dans les rayons, met les meules dans l'impuissance de détacher les corps farineux de la pellicule et de les écraser convenablement.

Au moyen de l'aérateur, ces fâcheux résultats disparaissent. L'on voit sortir des meules auxquelles il est appliqué une mouture sur laquelle roule un son parfaitement nettoyé et évidé, son parfaitement sec et nullement sujet à la fermentation, ayant sa couleur ordinaire et qui ne cherche qu'à se séparer de la farine. La boulange étant également sèche, aucun empâtement ne se forme sous les meules, les rayons et la rhabillure conservent la possibilité de fonctionner librement; de là cette augmentation de travail dont parle l'inventeur, et qui lui permet d'assurer un septième de plus de produits, sans altérer en rien la qualité, ni toucher au fini; résultat que l'on avait attribué d'abord à l'introduction de l'air poussant la marchandise vers la circonférence et la forçant de sortir plus promptement de dessous les meules, mais qu'il a bien fallu reconnaître être la conséquence nécessaire de la fraîcheur de la boulange, qui permet aux meules de finir en moins de temps les blés soumis au broiement.

Actuellement, par suite du grand échauffement communiqué à la farine par les meules, la boulange, à son entrée dans l'anche, est saisie par la fraîcheur de l'air ambiant, devient humide par l'effet de la condensation; devenue humide, sueuse, elle s'attache aux parois des conduits, y forme une croûte qui s'aigrit, répand une odeur désagréable, occasionne une perte sensible.

L'appareil de M. Hanon-Valcke, tenant la boulange dans un état de fraîcheur, qui rapproche sa température de celle de l'air ambiant, la condensation n'a plus lieu, l'anche et les conduits restent parfaitement secs, aucun empâtement ne s'y opère, plus de croûte, plus d'aigreur, plus d'odeur désagréable, plus de perte de farine.

Avec les systèmes pratiqués jusqu'à ce jour, les farines devenues humides par l'effet de la condensation, n'arrivent jamais parfaitement sèches dans les bluttoirs, et s'y séparent difficilement, parce qu'une partie de la fleur vient gommer, grapper les bluttoirs; et malgré tous les soins, malgré un labeur long et pénible, le bluttage ne donne pas tous les avantages qu'on a lieu d'en attendre.

D'un autre côté, la mouture arrivant très chaude ou brûlante à l'anche et dans les conduits, ses parties savoureuses se volatilisent, la matière huileuse du blé augmente de couleur, la substance glutineuse, qui joue le plusgrand rôle dans la panification, se décompose, la farine étant moins sèche n'absorbe plus la même quantité de liquide, rend moins bien; le pain perd de son goût, de sa saveur, de sa consistance, les sons mal évidés et humides sont sujets à la fermentation et s'échauffent dans les magasins.

L'aérateur de M. Hanon-Valcke fait disparaître tous ces inconvénients; la forte chaleur étant cause de tous ces sinistres, ils s'évanouissent avec le vice qui les engendre. La farine n'est plus sujette aux effets de la condensation; restée sèche, elle se sépare au bluttage sans grande difficulté; soumise à la panification, elle absorbe plus d'un tiers de son poids d'eau, donne un pain d'un goût exquis, d'autant plus nutritif que la partie amidoneuse a conservé toute sa pureté, et d'autant plus sain que les parties substantielles du grain n'ont subi aucune altération.

Il est important d'ajouter que le nouvel appareil, qui permet de donner tout le fini désirable à la marchandise, n'occasionne que peu ou point de remoulage. L'importance de cette observation résulte non-seulement de l'augmentation de travail que donne le remoulage, mais de ce que la matière glutineuse, qui est si nécessaire dans la panification, diminue en raison du nombre de fois que les farines passent par les meules et sont soumises à l'action de la chaleur, peu importe son degré d'élévation.

Il est un dernier avantage offert par l'*Aérateur*, c'est d'empêcher l'évaporation.

L'air mis en mouvement par la rotation de la meule courante, tourbillonne dans les archures, tend à s'échapper par la moindre ouverture, et entraîne avec lui la fleur de la farine. Cette évaporation occasionne un déchet inappréciable.

Par suite de l'application du nouvel appareil, l'air mis en mouvement obtient une direction. Son introduction dans les cornets et sa sortie par les robinets lui donnent un courant qui entraîne la fleur de la farine. Loin de chercher une issue par de légères ouvertures pouvant exister dans l'archure, il suit ce courant, ramène la folle farine sous les meules, et l'anche ne tarde pas à livrer aux conduits la volatille, qui, au lieu de se perdre, vient augmenter non-seulement la quantité, mais même la qualité des produits, dont elle est à juste titre nommée la fleur.

Les avantages, dont l'énumération précède, sont immenses; ils sont le résultat d'expériences multiples; leur existence est incontestable.

Nous sommes heureux de pouvoir dire que l'appareil de M. Hanon-Valcke peut s'appliquer aussi bien et avec autant de facilité sur les meules déjà en activité que sur les neuves; que cet appareil offre toute la solidité désirable, et que le prix fixé par l'inventeur pour en faire l'application est tellement raisonnable, que l'on est certain d'en récupérer en fort peu de temps l'avance, par suite des avantages que présente l'aérateur.

Nous venons de voir à l'Exposition des Produits de l'Industrie une meule exposée par M. Hanon-Valcke, sur laquelle il a fait l'application de son aérateur (1); nous

(1) Exposition de 1849, n° 3550, Aérateur de M. Hanon-Valcke, faubourg Saint-Denis, 36, appliqué sur une meule des ateliers et carrières de M. Roger, fils, à La Ferté-sous-Jouarre (Seine-et-Marne.)

espérons, dans l'intérêt général, que la meunerie comprendra l'excellence de ce système, et s'empressera d'en faire l'essai, et nous aimons à croire que la commission jugera cette invention digne d'une récompense nationale.

Empressons-nous de rendre cette justice à M. Hanon-Valcke, c'est qu'en homme probe et consciencieux, il ne voudrait pas exposer ses confrères à des dépenses infructueuses et sans résultat. Aussi est-ce avec un bien sensible plaisir que nous lui avons entendu offrir l'application de son appareil à ses frais, risques et périls, s'engageant de l'enlever et de replacer le tout dans son état primitif, sans indemnité quelconque, au cas que les résultats ne fussent pas satisfaisants.

Tant de désintéressement, tant de loyauté méritent des éloges et doivent nous faire regretter que M. Hanon-Valcke ne soit pas Français.

Mais nous devons le dire à la honte de notre siècle, malheureusement pour l'inventeur d'un appareil de si grande utilité, de si haute importance, ni le désintéressement, ni la loyauté, ni l'excellence même d'une découverte ne peuvent suffire pour en assurer le succès.

Dès qu'une invention apparaît, dès qu'un nouveau système est annoncé, chacun a l'œil fixé sur l'homme qui passe, soit à tort, soit à raison, pour être plus capable et fabriquer mieux que ses confrères l'article à la fabrication duquel l'invention est applicable. Celui-là l'approuve-t-il, tous la goûtent, tous la veulent, tous l'approuvent; l'inventeur ne sait à qui répondre, par où commencer. Se taît-t-il, le grand homme ne parle-t-il pas, tous les industriels restent dans l'attente, persuadés que l'efficacité de la découverte est encore un problème que leur chef de file n'a pas encore eu le temps de résoudre. Critique-t-il, conteste-t-il les bons résultats, le sort en est jeté, l'invention est irrévocablement mauvaise, détestable, dût-elle apporter toutes les améliorations possibles.

Malheureux système, qui a découragé bien des hommes de génie, privé l'industrie de bien des inventions utiles.

L'on ne considère pas que chacun a le plus grand intérêt à conserver sa supériorité, sa réputation de meilleur fabricant ; l'on oublie que lorsque celui-ci adopte une invention, un changement, comme apportant une amélioration sensible, chacun cherche à l'imiter, dans l'espoir d'obtenir la même amélioration ; que dès-lors il n'y a plus de différence entre les prodnits, et que celui qui faisait autorité ne sera plus qu'au niveau des autres, peut-être même leur inférieur, si ceux-ci mettent ou plus d'intelligence ou plus de soins dans l'exécution.

Lorsque l'aérateur vit le jour, chacun fixa les yeux sur le chef de la meunerie, sur M. Darblay; et M. Darblay ne bougea pas, il garda le silence.

Ce silence parut significatif; il l'était en effet, mais il fut mal interprété.

M. Darblay, qui passe à juste titre pour le premier farinier de la France, avait-il intérêt à parler, à changer sa position? Devait-il risquer de se créer des rivaux? Non, sans doute. Son honneur, sa réputation, sa haute position l'eussent obligé à critiquer, à repousser immédiatement tout système inefficace, à étouffer de suite toute innovation préjudiciable ; il n'a pas agi ainsi lorsque l'aérateur fut proposé à l'industrie meunière, parce qu'il n'eût pu critiquer une découverte aussi utile, aussi avantageuse, sans déloyauté, sans s'exposer à perdre l'estime et la considération publique; mais son intérêt personnel lui commandait de se priver momentanément de l'application d'une invention réellement bonne et productive ; il ne pouvait en faire l'éloge, sans en faire lui-même l'application; il ne pouvait faire cette application, sans risquer de se créer des concurrents, qui pouvaient devenir redoutables; il devait donc garder le silence, s'il voulait ne pas compromettre ses intérêts, s'il désirait sauvegarder son honneur. C'est ce qu'il a fait. La meunerie crut voir dans ce silence un doute; elle s'abstint. Et cependant ce silence était aussi expressif qu'une approbation, plus expressif même qu'un éloge sans application, éloge que l'on eût considéré comme une critique.

Heureusement pour l'aérateur, que M. Hanon-Valcke est un homme de talent et d'expérience, ayant la conviction de l'efficacité de sa découverte, et capable d'en faire ressortir tous les avantages ; heureusement pour l'inventeur que la meunerie possède beaucoup d'hommes en état d'apprécier par eux-mêmes le mérite de cet appareil, sans qu'il soit nécessaire d'attendre qu'une haute réputation se décide à faire le sacrifice de son amour-propre et de ses intérêts, pour faire ressortir l'utilité et les grands avantages qu'offre le nouveau système. Sans ces heureuses circonstances, il est bien possible que l'aérateur n'eût percé que lorsque l'inventeur, épuisé par les sacrifices que nécessitent les expériences et la propagation de toute découverte, n'eût plus eu à exercer aucun privilége, n'eût plus pu espérer de récupérer ses dépenses; peut-être même ce précieux système fût-il passé inaperçu, sans fruit pour personne, comme tant d'autres inventions utiles, qui n'ont eu d'autre résultat que de décourager ceux qui seraient tentés encore de se dévouer au bien-être général.

Déjà plusieurs établissements notables ont adopté le nouveau système, et nous avons l'intime conviction que M. Hanon-Valcke verra un jour son aérateur fonctionner dans toutes les usines.

Aussi nous aimons à croire que le gouvernement ne tardera pas à adopter l'*Aérateur*, et à en faire l'application dans les divers établissements de manutention, afin d'améliorer autant que possible la nourriture de celui qui expose sa vie pour la défense de l'ordre et de l'État. Là, plus encore que dans les autres moulins, l'aérateur est indispensable; les meules y marchent avec une rapidité effrayante, et la température de la boulange n'est jamais au-dessous de 20 à 30° centigrades au-dessus de l'air ambiant; de plus, l'évaporation y est considérable. Puisqu'il y a actuellement possibilité de remédier à ces maux, la sagesse de Monsieur le Président de la République et sa bienveillance y pourvoiront.

Comme nous venons de le démontrer, les rayons seuls n'ont pu produire une circulation d'air suffisante entre les parties travaillantes des meules, pour opérer un abaissement quelconque dans la température de la boulange; les conduits chauffés loin d'apporter un remède à ce mal, n'ont pas même la vertu d'empêcher la condensation. Ni les ventilateurs pratiqués jusqu'à ce jour, ni les trous cylindriques percés perpendiculairement dans la meule courante, ni le système de M. Holcrof, ni les meules aérifères, ni la ventouse, ni l'archure en osier, ni l'accélérateur refroidisseur, ni les divers aspirateurs dont on a fait emploi, ni la réunion de quelques-uns de ces systèmes par M. Pinel et autres, n'ont pu empêcher la grande chaleur produite par la pression et le frottement continuel et accéléré des meules. Si l'une ou l'autre de ces innovations semble apporter une amélioration quelconque, cette amélioration se trouve aussitôt paralysée par un inconvénient souvent plus nuisible que l'avantage qu'elle procure : l'aérateur seul étouffe le mal avant qu'il ait pu prendre racine ; lui seul est parvenu à résoudre les questions importantes posées depuis si longtemps à la Société d'Encouragement, par M. le vicomte Héricart de Thury, dans le but d'améliorer le mode actuel de mouture (1) ; questions restées intactes jusqu'alors, malgré d'innombrables essais, malgré le concours de tous nos savants. M. Hanon-Valcke a trouvé le moyen mécanique et manufacturier applicable à toutes les usines à farine, quelqu'en soit le moteur, pour tempérer et détruire même la vapeur alcoolique qui se dégage de la mouture pendant le travail ; il remédie aux graves inconvénients de la pâte qui se forme dans les conduits et récepteurs de la farine brute et à l'évaporation, qui cause un déchet préjudiciable par la déperdition des fleurs de farine, qui s'échappent pendant l'action rotative des meules ; il ajoute un degré de supériorité aux farines, en les mettant dans l'impossibilité de s'élever à un degré

(1) M. Aug. Rollet, Mémoire sur la Meunerie, etc., publié sous les auspices de M. le ministre de la marine et des colonies, page 212. Paris, 1846.

de chaleur préjudiciable, et en les dégageant de cette humidité surabondante qui prédominait jusqu'à ce jour. Sa découverte est un bienfait, dont la France saura lui tenir compte et lui témoigner toute sa gratitude.

www.ingramcontent.com/pod-product-compliance
Ingram Content Group UK Ltd.
Pitfield, Milton Keynes, MK11 3LW, UK
UKHW021955260726
13994UKWH00004B/1759